Zhongguo·Wenhua
Zhishi Duben

中国文化知识读本

四合院

主编　金开诚
编著　王忠强

吉林出版集团有限责任公司
吉林文史出版社

图书在版编目（CIP）数据

四合院 / 王忠强编著 .—长春：吉林出版集团有限责任公司：吉林文史出版社，2009.12（2022.1 重印）
（中国文化知识读本）
ISBN 978-7-5463-1294-1

Ⅰ .①四… Ⅱ .①王… Ⅲ .①民居 – 简介 – 北京市
Ⅳ .① K928.79

中国版本图书馆 CIP 数据核字（2009）第 223097 号

四合院

SI HE YUAN

主编/ 金开诚 编著/王忠强
责任编辑/曹恒　崔博华 责任校对/刘姝君
装帧设计/曹恒 摄影/金诚 图片整理/董昕瑜
出版发行/吉林文史出版社 吉林出版集团有限责任公司
地址/长春市人民大街4646号 邮编/130021
电话/0431-86037503 传真/0431-86037589
印刷/三河市金兆印刷装订有限公司
版次 /2009 年 12 月第 1 版 2022 年 1 月第 5 次印刷
开本/650mm×960mm 1/16
印张/8 字数/30千
书号/ISBN 978-7-5463-1294-1
定价/34.80元

《中国文化知识读本》编委会

主　任 胡宪武

副主任 马　竞　周殿富　孙鹤娟　董维仁

编　委 (按姓名笔画排列)

于春海　王汝梅　吕庆业　刘　野　李立厚

邴　正　张文东　张晶昱　陈少志　范中华

郑　毅　徐　潜　曹　恒　曹保明　崔　为

崔博华　程舒炜

关于《中国文化知识读本》

文化是一种社会现象，是人类物质文明和精神文明有机融合的产物；同时又是一种历史现象，是社会的历史沉积。当今世界，随着经济全球化进程的加快，人们也越来越重视本民族的文化。我们只有加强对本民族文化的继承和创新，才能更好地弘扬民族精神，增强民族凝聚力。历史经验告诉我们，任何一个民族要想屹立于世界民族之林，必须具有自尊、自信、自强的民族意识。文化是维系一个民族生存和发展的强大动力。一个民族的存在依赖文化，文化的解体就是一个民族的消亡。

随着我国综合国力的日益强大，广大民众对重塑民族自尊心和自豪感的愿望日益迫切。作为民族大家庭中的一员，将源远流长、博大精深的中国文化继承并传播给广大群众，特别是青年一代，是我们出版人义不容辞的责任。

《中国文化知识读本》是由吉林出版集团有限责任公司和吉林文史出版社组织国内知名专家学者编写的一套旨在传播中华五千年优秀传统文化，提高全民文化修养的大型知识读本。该书在深入挖掘和整理中华优秀传统文化成果的同时，结合社会发展，注入了时代精神。书中优美生动的文字、简明通俗的语言、图文并茂的形式，把中国文化中的物态文化、制度文化、行为文化、精神文化等知识要点全面展示给读者。点点滴滴的文化知识仿佛繁星，组成了灿烂辉煌的中国文化的天穹。

希望本书能为弘扬中华五千年优秀传统文化、增强各民族团结、构建社会主义和谐社会尽一份绵薄之力，也坚信我们的中华民族一定能够早日实现伟大复兴！

目录

一 四合院的历史变革......001
二 四合院的基本格局......015
三 四合院的单体建筑......029
四 四合院的装饰文化......061
五 四合院的现状......103

一 四合院的历史变革

四合院是指由东西南北四面房子围合起来形成的内院式住宅。北京四合院作为老北京人世代居住的主要建筑形式，蜚声海外，世人皆知。

（一）四合院的起源

四合院是北京最有特点的民居形式，追溯其起源很多人都会认为是元代院落式民居。实际上不然，迄今发现的最早的一座四合院应该是陕西岐山凤雏的西周建筑遗址。此遗址的平面图与四合院的建构布局完全一致,坐北朝南,中心部位先是影壁，然后是中央门道和东西门房，门房后是中院，中院后是前堂，前堂后是东西小院，

四合院是汉族民居的典型形式

四合院

四合院历史悠久

小院后是后院。汉代画像砖上的庭院也能很明显地看出四合院的结构，也有人考证说汉代就已经出现了标准的四合院——徐州利国出土的汉代画像中有所描绘。隋唐时期出土绘画等文物中也可见四合院式宅第。宋朝的画作《文姬归汉图》中也出现过四合院型大宅。从这些文物所透露的信息来看，四合院这种建筑形式在我国应该有两千多年的历史了。

但是为什么很多人认为它是起源于元代呢？这是因为北京传统四合院的大规模形成始于元代，北京地区的建筑风格在这一时期

西周时四合院形式就已粗具规模

基本形成。自元代建都北京时起，北京才开始了大规模的城市建设，北京的四合院也是这时才与北京的宫殿、衙署、街区、坊巷和胡同同时出现。当时，元世祖忽必烈“诏旧城居民之过京城老，以赀高（有钱人）及居职（在朝廷供职）者为先，乃定制以地八亩为一分”，这一政策使元朝

北京有各种规模的四合院

统治者和大批的贵族富商到北京建房，这才使院落式住宅大规模地兴建。而且当时也进行了城市规划。据元末熊梦祥所著《析津志》载：“大街制，自南以至于北谓之经，自东至西谓之纬。大街二十四步阔，三百八十四火巷，二十九街通。”这里说的“街通”实际上就是我们今天所说的胡同，

四合院的典型特征是外观规矩，中线对称

胡同与胡同之间是供臣民建造住宅的地皮，也就是四合院住宅。

（二）四合院的进一步发展和完善

到了明清两代，终于形成北京特有的四合院，而且清代比明代更加讲究。

明代四合院的发展主要基于迁都、技术发展和政策的原因。明成祖朱棣曾将都城从南京迁到北京，这极大促进了北京城的发展。当时的明朝经济发展较好，烧砖技术成熟较快，这些为四合院的建设提供了更好的建筑材料。尤其是明朝的等级制度森严，为了维护封建秩序，对各阶层人士的住所也进行了严格的规定，如洪武二十六年制定：官员营造房屋不许歇山转角、重檐、重拱及绘藻井……庶民舍不过三间五架，不许用斗拱，饰色彩等。这些都对四合院的进一步发展和完善起到了积极的作用。遗憾的是，北京地区现在已经见不到元代的四合院建筑。

清定都北京后，大量吸收汉文化，完全承袭了明代北京的建筑风格，对北京的居住建筑——四合院也予以全面承袭。清王朝早

北京钟楼

许多园林建筑也借鉴了四合院的风格

期在北京实行分旗居住制度，令城内的汉人全部迁到外城，内城只留满人居住。这一措施主观上促进了外城的发展，也使内城的宅第得到进一步的调整和充实。清代最有代表性的居住建筑是官僚、地主、富商们居住的大中型四合院。

京西川底下村明清四合院局部

明清北京四合院与元代的四合院相比有比较明显的变异，主要表现在院落布局的变化、工字型平面的取消以及占地面积的减少方面。元代北京后营房等四合院遗

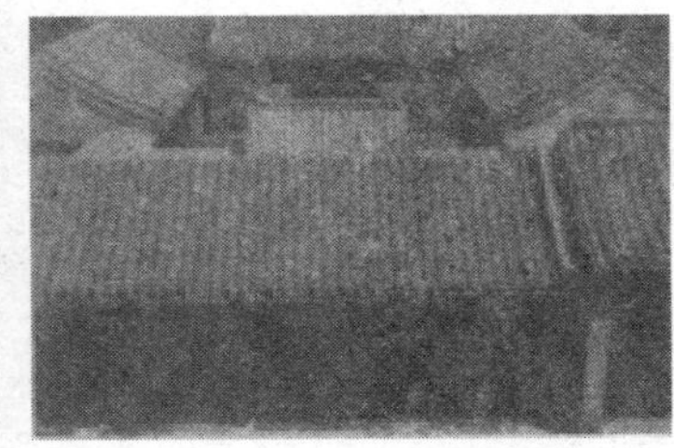

最简单的四合院只有一个院子

址中，前院面积比较大；明清四合院前院（外宅）面积比较小，后院（内宅）面积增大，使院落面积的分配更合理。明清四合院还取消了前堂、穿廊、后寝连在一起的工字型平面布局。这种变化同明清两朝北京城居民成分的变化及由此带来的东西南北的文化交流是分不开的。此外，由于明清两朝北京人口增加较快，元代每户八亩的大院落已经不够分配，因此明清四合院占地面积普遍较小，小者一亩，大者也不过三四亩（王府等大型

四合院里的人家

府第除外），这是明清四合院与元代四合院的主要区别。

概括地说，北京四合院的发展，辽时初具规模，至明清逐渐完善，从平面布局到内部结构、细部装修都形成了北京特有的京味风格。

（三）北京四合院的区域性特征

北京四合院的分布呈现出一定的区域性特征，这一特征的出现与四合院的初建和发展所处的时期有关。当时正处于封建社会时期，等级制度比较森严。

标准的北京四合院

从清代北京地图上可以看出，清末北京各个阶层分布情况为：皇城以内的地区是内府官员的办公与住宅区；皇城以外的东交民巷一带是外国使馆区；西城、北城有许多王府，属于贵族及内府当差人的居住区；东城主要是高级富商的宅邸，正如北京俗语描述的："东富西贵，东直门的宅子，西直门的府"。北京外城宣武门一带的会馆，为各省官员、举子寓居之地，附近有著名的琉璃厂

四合院的基本格局

文化区；前门一带是北京主要的商业中心，寄宿着大批商人；中小手工业者主要居住在崇文门外；天桥一带是昔日北京的贫民区。

综合起来，北京四合院的分布有如下几方面的特征：总体上，内城的宅院较大，等级较高；外城的宅院较小，等级较低；内城的东北、西北一带，集中了北京城内最好的四合院；内外城根及外城的大部分地区，多为平民百姓的陋宅；东西走向胡同中的住宅，往往比南北向或随地形变化的胡同中的住宅好；两胡同之间间距大的宅院，往往比间距小的好。

二 四合院的基本格局

中国传统民居的布局一般都具有鲜明的轴向，中轴对称，左右平衡，对外封闭，对内向心，方方正正。其平面布局也多遵循一种简明的组合规律，四合院就是这种简明布局的一个代表——由若干间组成座，再以若干座组成庭院，而且往往是封闭的庭院。

（一）四合院的基本格局

北京的四合院因规模和等级的不同可以划分为很多的类型，最基本的是一进四合院，就是由四面房屋围合形成的一个庭院，它是四合院的基本单元。四合院按这种基本单元划分有：一进院落、二进院落、三进院落、四进及四进以上的院落。最大的四合院可多达七进、九进院落（如王府）。

宽敞的庭院

四合院

一进院落是由四面房子合围起来形成的，特点是三间正房（北房），正房两侧是两间耳房，正房南面两侧为东西厢房（各三间），正房对面是三间南房，又称为倒座房。宅门位于东南方，占据倒座房的一间或一间半的位置，进门迎面是影壁，向西经过屏门便可以进入内宅。

二进院落是在一进院落的基础上沿纵深方向，在东西厢房的南山墙之间加隔墙形成的。隔墙设屏门，以供出入。在规模比较大的二进院落中还可以设置连接东西厢房的抄手游廊。一进院落和二进院落都属于小四合院。

三进院落是在二进院落的基础上发展起

四合院中间是庭院，院落宽敞

四合院院落

来的。它是在正房后面加一排后罩房，它们之间形成的空间是后院，后院同中院一样也有正房、耳房、东西厢房和抄手游廊，人们可以通过正房东耳房边上的通道进入后院，也可以将正房明间做成过厅。这种三进式的院落格局被认为是四合院的标准格局。三进院落属于中型四合院，这种标准格局的具体安排是这样的：坐北朝南，临街五大间，东数第一间为大门洞，第三间至第五间为“倒座”。进入大门后，迎面是砖雕影壁墙，紧贴着东屋的南山墙。影壁的前面左边有个圆形的月亮门，或四个并排小门，进去就是外院，左边由东到西是一排五间南房，南房北边就是内院院墙。院墙正中是正对南屋门的垂花门，垂花门的左右两边直到两边的月亮门是隔开外院南屋和里院北、东、西房的墙。垂花门门里设有木板屏风，这道屏风只有过年或迎接贵宾时开放，平时只能从东西两边出入或者只走东边。进入垂花门往左右两边拐弯下台阶就进入了内院。内院由正房、两侧的耳房、厢房构成一个正方形的院落。位于内院南面正中心位置的是垂花门的门楼，北面有正房三间，正房的东西两侧各有耳房一间，这就是常说的“三正两耳”。内院东西还各有厢房三间，各房前边有抄手游廊相连。在垂花门与正房之间，东西厢房之间铺有十字形甬道，十字路隔出四块方形的地皮，可以在上边植树、种花、摆设鱼缸。内院北面还有一个由正房和后罩房组成的窄长的后院。一些大宅院的后罩房是上下两层。

四进以上的院落属于深宅大院

四进院落是在三进院落的纵深方向上扩展成的，一般是三进院落的后面加一排后罩房。不过实际中的四进院落因为受地形、功能等方面的限制不如前面所说的三种院落那么规整。四进以及四进以上的院落属于大型四合院，也就是人们常说的深宅大院。

（二）四合院的基本方位

要了解北京四合院，首先应了解它的基本格局，而这格局又与它的方位有直接关系。中国古代建筑布局讲究方位，对于四面闭合的四合院来说，建筑方位非常重要。中国有一句古话：“向阳门第春先到。”

四合院建在胡同里，所以胡同的走向直接影响着四合院的方位。老北京的胡同主要是东西走向，尤其是内城。连接两东西走向胡同的是南北走向的胡同。所以北京的四合院就出现了如下几种类型：坐北朝南或坐南朝北（此两类为主），坐西朝

老北京胡同

如今，四合院处在钢铁森林之中，仿佛世外桃源

东或坐东朝西（此两类为辅）。

在这几种类型中，以坐北朝南的北房为最好，坐西朝东的西房也可以，最差的是东房和南房，“有钱不住东南房，冬不暖来夏不凉”，这主要是由北京地区的气候环境和地理位置所决定的。所以人们建宅时，通常都会首先考虑将主房定在坐北朝南的位置，然后再安排其他房间的位置。这种方位的选择除了地理环境因素外，还有当时的人考虑风水的因素。

（三）四合院的风水讲究

风水在四合院建造过程中是极讲究的，从择地、定位到确定每幢建筑的具体尺度，

建造四合院讲究风水

都要按风水理论来进行。有些人认为，风水学说实际上是我国古代的建筑环境学，是我国传统建筑理论的重要组成部分。千百年来，这种风水理论一直是我国古代营建活动的指南。

如何对庭院内各建筑要素进行合理组合，是风水阳宅理论的主要内容，根据这种要求，合院式住宅的一般格局是：建筑物以三合或四合排列中围一院；建筑主面朝院，以院解决通风、采光、排水、交通等需要；以墙、廊连接或围绕建筑，成一合院。合院对外封闭，大门尽量朝南，北面较少开口；一个合院规模不足，如需扩大，以重重院落相套，向纵深与横面发展；交通系统，主要随着屋距做格子状分布，不下雨时自然可走庭院；在合院群中，纵向有明显轴线意味，横向则左右大体对称；主要建筑物如厅、堂、长辈住房等，排列在中心主轴线上，附属房屋则位居次轴。轴线上的前段，一般以“前公后私”“前下后上”为原则，把对外的房间与下房放在前头；在思想呈现方面，除了“主次分明，秩序井然”的位序外，自然是居于核心地位的堂屋设置最为独特。

以上这样的合院格局，是风水阳宅内形理论的主题所在，只不过风水先生表述时采用的是吉、凶等说法。在风水先生的眼中，处于“坐坎朝离”的四合院，北位于八卦中的离位，按《易传》所说：离者，火也，自然是吉位。从中国人的“风水观念”来看，只有朝南才能有足够的“阳气”，四合院以北为尊的格局与风水要求也正好相合，北京四合院的宅院也均以北房为正房。东在八封中的震位，震者，雷也，长男也，故东厢为家族男性儿辈所居之所。西为兑位，兑者，说（悦）也，少女也，故西厢为家族女性儿辈所居之所。四合院的大门都不开在中轴线上，开在八卦的“巽”位

四合院以北为尊

四合院的基本格局

或“乾”位。所以处在胡同北侧的院落大门开在住宅的东南角上，处在胡同南侧的院落大门开在住宅的西北角上。因为这两个位置是柔风、润风吹进的位置，在风水上是吉祥的位置。在此设门，在明清时人看来，正应在“入”字上，是吉利。而且巽位于东方震位的雷与南方离位的火之间，自然富含着家族门庭“兴旺”的意思。其东北部为艮位，艮为止。据“风水”说是所谓“鬼门”，本不“吉利”，但明清时人也能自我“解救”，在此设厨房。在文化心理上使原居“阴暗”之处，用明火来“照亮”。“倒座”呈“背阳”“背离”格局，所以大多为男佣居住，或用以堆放杂物之类。

四合院大门

北京南池子大街民宅

在《易经》中贯穿着一种阴阳五行的学说，它对四合院建筑的营造方式产生了直接影响。《周礼·考工记》认为：“天为乾、为圆，地为坤、为方”、“圆象征天上万象变化不定，方象征地上万物有定形。”北京的四合院建筑，正是以民居形式来体现地面的“四方”观念。四合院呈正方形，其平面暗含“井”字格局，也就是四正四隅加中心的九宫格平面。“井”字分割产生一个中心，而且构成对称、平衡、稳定的平面，这种秩序感所具有的理性色彩，与中国礼教文化对社会结构的设计具有同构

四合院门上一般绘有图案或吉祥词语

性，因为特别注意社会性、政治性和伦理性在建筑艺术中的应用，所以很多建筑都采用这种形式。四合院的结构强调内外、开闭的统一，人们最初设计四合院时，充分考虑了四向的因素——太阳、太阴、少阳、少阴和四季变化（天之四象），因为四合院占尽四向，所以人们在任何时候都可以有选择地享受到不同朝向所带来的日照与阴影。这些房屋的布局也形成了一个聚气的空间，使中庭成了阴阳交汇的地方。门道一开一合造成的一明一暗、一凉一暖的变化使它成了引导气流的渠道。

整座四合院四周围墙几乎是封闭的，仅在东南隅设一扇门，供出入。这种封闭性，首先是缘于气候、环境等自然条件，北方天气寒冷，四周几乎不设门、窗，有利于取暖保温。更重要的是在文化观念上，体现了民族心理的内敛性和向心力。

总之，四合院民居建筑的空间与家庭居住秩序合乎中国传统的易理，并且与中国传统的"风水"观念融合在一起，充分体现了中国理学文化的特点。

（四）四合院中房间的分配

房间是居民院落中最重要的组成部分，四合院中有比较固定的房间布置，一般由正房、耳房、厢房、后罩房及倒座房组成。

正房是四合院里最重要的房间，位于纵、横中轴线的交叉点位置。正房作为房间中最重要的组成部分，在房间数、开间尺寸、装饰等方面都有严格的等级要求。每座四合院里的正房只有一处，多为三开间。北房三间仅中间的一间向外开门，称为堂屋。堂屋是家人起居、招待亲戚或年节时设供祭祖的地方。两侧两间仅向堂屋开门，形成套间，成为一明两暗的格局。东侧一般住祖父母，西侧住父母。

位于正房两侧的耳房，规模比正房小，东西对称，一般与正房相通。厢房的北山墙和围墙在此形成一个小院(称为“露地”)，人们喜欢在这里植树种草，并把它装点得恬静优雅，所以一些文人常将书房设在这里。这个小院通过月亮门或屏门与正院相通。

厢房位于正房的东西两侧，不如正房高。厢房内多以隔扇分成一明两暗或两暗一明格局，明间为堂屋，暗间为卧室。厢房靠南处也有耳房。东西厢房是给第二代

正房是四合院最主要的房间

四合院的基本格局

各厢房的用途体现了中国长幼有序的等级和 传统的伦理观念

人准备的，偏南的房间一般也可做餐厅或厨房使
西厢房外的耳房是给仆人居住的，有的也被当成厕

倒座房，就是南房。之所以称为倒座房是因
房坐北朝南，而它刚好与正房相反。倒座房一般
正房讲究，很少有廊，前院也不大。大门东边的
房是为私塾先生准备的，然后依次为门房或男仆
大门、会客间，最西边是厕所。

后罩房位于院落的最深处，最为私密。房间
倒座房相同。一般是女儿及女佣所居住的地方，
也用来堆放杂物。

总之，住房分配的整体原则为北屋为尊，两厢
杂屋为附，倒座为宾。这体现了尊卑有别，长幼
的等级和传统的伦理观念。

三　四合院的单体建筑

街门一般建在院子的左边

（一）门

门在四合院整体建筑中占有的面积非常小，地位却非常高。这不仅表现在它的构成要素众多，还在于它被赋予了很多的文化意义。

北京四合院的门有很多的讲究。首先它是地位的象征,因为人们认为门是脸面，住宅及其大门直接代表着主人的品第等级和社会地位，所以对门的要求尤其严格。人们经常用门来形容人的等级，如朱门大户、柴门草户等。所谓“门第相当”“门当户对”，指的也是这个意思。其次，它代表了一种主人与客人的界限，尤其对于显贵与贫民，门的不同很容易让人感到等级差别。

北京四合院住宅的大门，从建筑形式上可分为两类，一类是有官阶地位或经济实力的社会中上层阶级使用的由一间或若干间房屋构成的屋宇式大门，另一类是社会下层普通百姓住房在院墙合龙处建造的墙垣式门。

屋宇式大门又分为王府大门、广亮大门、金柱大门、蛮子门、如意门等。

王府大门位于主宅院的中轴线上，是屋宇式大门中的最高等级，极其气派。封建社会，王府大门的间数、门饰、装修、色彩都是按规制而设的，通常有五间三启门和三间

四合院的门有很多讲究

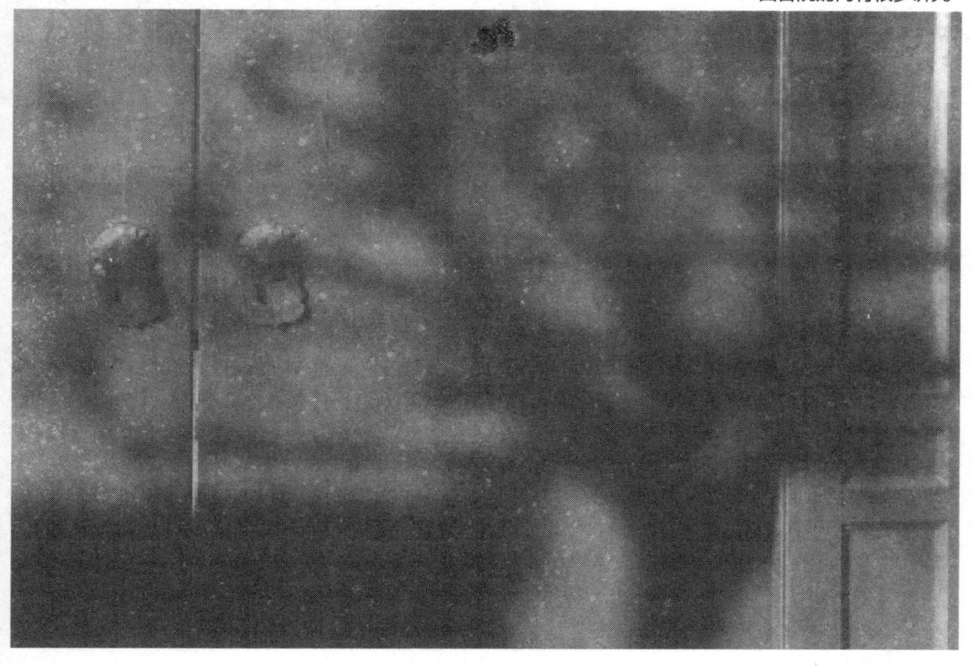

四合院大门

一启门两等。最具代表性的是什刹海北岸的清醇王府大门，它就是昔日王府大门中比较讲究的那一种。位于后海南岸的清恭王府是三开间，上覆绿色琉璃瓦，原是乾隆帝的宠臣和珅的府邸，后来封赐给恭亲王。

广亮大门在屋宇式大门中的地位仅次于王府大门，是具有相当品级的官宦人家采用的宅门形式，也是屋宇式大门的一种主要形式。这种大门的位置与大小都不同于王府大门：一般位于宅院的东南角，占据一间房的位置。广亮大门门口比较宽大敞亮，门扉开在门厅的中柱之间，使大门显得宽敞亮堂，这可能也是广亮大门名称由来的原因。

金柱大门

金柱大门是略低于广亮大门的一种宅门，也是具有一定品级的官宦人家采用的宅门形式，这种大门的门扉安装在金柱（俗称老檐柱）间，所以称为“金柱大门”。这种大门同广亮大门一样，也占据一个开间，它的规制与广亮大门很接近，门口也较宽大，虽不及广亮大门深邃庄严，仍不失官宦门第的气派，是广亮大门的一种演变形式。

蛮子门品级低于金柱大门，是一般商人富户常用的宅门形式。它的门扉安装在外檐柱间，门扇槛框的形式仍采取广亮大门的形式，门扉外不留容身的空间。

如意门

如意门是北京四合院最普遍使用的一种宅门，一般是在政治上地位不高，但却非常殷实富裕的士民阶层多采用的宅门形式。如意门的门口设在外檐柱间，门口两侧与山墙腿子之间砌砖墙,门口比较窄小。如意门洞的左右上角挑出的砖制构件常被雕琢成如意形状，门口上的门簪也多刻有“如意”二字，以求吉祥如意，这大概也是如意门名字由来的原因。如意门这种形

北京老四合院斑驳的大门

式因为不受等级限制，可以任意装饰，所以其形式变化非常丰富。

人们除了喜欢使用屋宇式大门外，民宅中有很多也采用墙垣式大门。小门楼是这种大门的最普遍、最常见形式，多建在中、小型四合院。一般的墙垣式门都比较朴素，主要由腿子、门楣、屋面、脊饰等部分组成。

此外，门作为封建社会地位权势的象征，它的结构也是十分丰富的。

1. 门楼

人们通常所说的门楼是院门上头由砖瓦构成的顶部。不过按照建筑学的说法，它实

清水脊门

际上应该包括抱鼓石、门簪、台阶和门旁的侧墙等。这里所说的门楼是指人们习惯叫法中的门楼。王府宫门的门楼讲究气派、级品，但形式上变化不大；平常百姓家的门楼没有那么多的要求，大多可以根据自己的喜好和经济实力自行设计。这些门楼式的街门与大宅院不同，多有装饰，各具特色，颇为讲究。其形式大概有以下几种：

清水脊门

这种门楼是平民院落中最为讲究，最为费工，成本最高的一种门。其门楼的外形如房屋顶一样，顶部砌圆筒瓦，由阴阳瓦合成前后两坡，这些瓦片组成的覆盖层主要是用于防水排水。这种门楼的最上两端，各有翘起的房脊头，其形状如街门门楼要腾飞一般。因为需要起脊，有的还要砌雕刻的花砖，所以建造比较费工。整座街门刷成青黑色，后来也有人刷成白色。由于这种门楼的顶部与鱼背非常相似，所以这种门在行话中也称之为“鱼脊门”。现这种街门及门楼在大胡同中仍可见到。

道士帽门

是北京最多的街门门楼形式，清廷设置的京西蓝靛厂外火器营是道士帽式门楼

平
安

最为集中的地点（三千一百七十六座）。这种门楼与清水脊门类似，只是不用起脊，所以较清水脊门更划算一些。这种门楼在清时的旗营内极多，所以，人们又称这种街门为“旗营门”。

花轱辘钱门

是百姓居住的四合院中极常见的小门楼。这种街门的门楼是在门的上部四角立起四个垛子，在砖垛子之间用青瓦拼起几块互相连接的形似外圆内方的铜钱状的花饰，俗称轱辘钱，取富贵到家之意。为了突出这种花轱辘钱的形状，人们用白灰调浆，将花轱辘钱部分刷成白色，再用青灰水把四周刷成黑灰色。这样黑白分明的轮

门口的石狮更增添了几分浓郁的传统文化气息

整个四合院采用对称的格局建筑而成

廓使人们看得更加清晰。花轱辘钱门除门楼与清水脊门不同外，还有这种门的砖及砖缝都露在外面，不用灰膏找平，老人们称其为“步步上台阶，阶阶上有钱”。

随墙门

随墙门应该是最简单的门楼形式了。它没有华丽的门楼，和墙的顶部一样，只是比墙稍高。

到了民国时，由于受到外来文化的影响，门楼的形式也发生了一些变化，出现了很多外国式样的门楼，如云间会馆的三角佛塔形门楼。

2. 院门

四合院的门是将门槛镶入门枕石的沟槽中，再将门框镶嵌于门槛中，门框、门楣相互连接，与门墩、门槛牢牢地吻合在一起。这样只要其中某一部分不损坏的话，门就不会从外面倒塌。门扇上达旋转轴，下部插入门枕石门内侧部分凿出的孔洞中，上部用一个叫“连楹”的装置固定在门楣的内侧，通过这个装置，即使是一个小孩子也能轻而易举地推开一扇厚重的门扇了。

下面介绍一下院门的各个部分。

门环和铺首

北京的老式四合院

门环

北京民宅中稍有点脸面的院门上，都有一对金属器物，俗名“响器”，官名“门钹”，北京人则称为门环。固定镶扣在大门上的底座称为铺首，又叫门铺。铺首、门环都是大门上不可或缺的重要组成部件。

门环主要起叫门的作用，是给位于门内侧的门役准备的。用铆钉固定在两扇宅门上，左右各一个。门环的种类很多，有圆形、椭圆形和扁叶形的。一般人家的门环是在凸出的铁制脐上吊个铁柳树叶似的响器，为六角形或扁叶形，制作都比较简单。官宦、商贾的宅门多用

门是四合院的脸面

扁叶形铜环儿。王府宅门多用半圆形，而且只有王府的门环上才可以进行如兽面的装饰。这种门环发展到后来，人们使用铁丝和绳系上铃铛叫门，这在一定程度上也可以认为是今天门铃的前身。

至于铺首的使用，已经有很多年的历史了。铺首的造型可以非常简单，也可以非常的复杂，直径从几厘米到几十厘米不

四合院大门上的铺首衔环——貔貅

等。制作材料有铁、青铜、黄铜等，封建时代，铺首的使用也是有着严格的等级规定的，普通人家的铺首多为熟铁打制，雕有花卉、草木、卷云形花边图案再配以圆圈状的门环或菱形、令箭形、树叶形门坠。皇子王孙、达官显贵、富甲豪绅家大门上的铺首多用铜制镏金制作，造型多为圆形，而且造型多种多样，极其气派。

门簪和包叶

门簪的作用主要是装饰大门，是随墙门的小院上的装饰物。根据宅门大小的不同，门簪的数量也是不同的：小户人家多是两枚，大宅门多是四枚。其外形多为圆柱形或六方、六角圆柱形。门簪上面雕有福寿、吉祥、平

斑驳的大门和石刻

安或一门五福、出入平安等吉词颂语。大门的另一装饰品是包叶。包叶有保护门板的作用，均为金属片，有铜的、铁的。包叶头用如意形状，表面冲压出卐字不到头的花纹，寓含“万事如意”的意思。

3. 门墩

门墩，京城人又称门座儿、门台儿，在建筑学中的正式名称为门枕和门鼓。门墩是中国老式住宅四合院中用来支撑正门或中门的门槛、门框和门扇的石头，是在伸出门外侧的中间凿出槽沟的条石（称门枕石、门脚石或门砧）上放鼓形或箱形的装饰物。枕石的门内部分是承托大门的，

四合院内一景

精美别致的四合院大门

门墩虽小，却寄托了人们美好的心愿

门外部分往往雕以鸟兽花饰，又叫抱鼓石。门墩的表面刻有很多精美的图案，这些门墩借助人物、草木、动物、工具、寓言、几何图案，表达了四合院的建筑者们希望长寿、富贵、驱魔、夫妻美满、家族兴旺的美好心愿。如“化鱼为龙”，雕鲤鱼跃于两山之间的流水之中，表示鲤鱼跳龙门，象征着仕途高升；“飘带”，飘带图案表示“好事不断”；“三阳开泰”，雕三只绵羊，表示三阳已生，否极泰来，即情况由坏变好，一切都向好的方向发展；“白猿偷桃”，是祝愿老年人寿长万年的象征。

（二）影壁、上下马石和拴马桩

1. 影壁

影壁，南方人称为照壁，古代称为“萧墙”，词典上解释为：大门内或屏门内做屏蔽作用的墙壁。它是北京四合院大门内外的重要装饰壁面，既可遮挡院内杂物，又可以使外来人看不见院内的情况，具有保私性。影壁垒砌考究、雕饰精美，上面刻有吉辞颂语，有提升四合院的文化品位的作用。

在中国古代，影壁的设置是分成等级的。西周时影壁作为地位和身份的标志，只有皇家宫殿、诸侯宅第、寺庙建筑才能建造。由于影壁的现实功用，随着时间的变化，这种

古代影壁具有等级意味

影壁有不同形式，但作用大同小异

限制逐渐被取消了，官宦和富贾也可以使用影壁了。不过，在影壁的规格和建造形式上还是有一定的限制。所以，当时的影壁还具有等级划分的意义。

四合院常见的影壁有三种形式，一种位于宅门里面，成一字形迎门而设，叫做一字影壁。这种影壁又有独立和坐山之分，独立影壁是设立在东厢房南山墙位置独立于厢房山墙或隔墙之外的；坐山影壁是厢房的山墙上直接砌出的与山墙连为一体的影壁。第二种是设立在宅门外的影壁，又称为照壁。这种影壁位于胡同对面正对宅

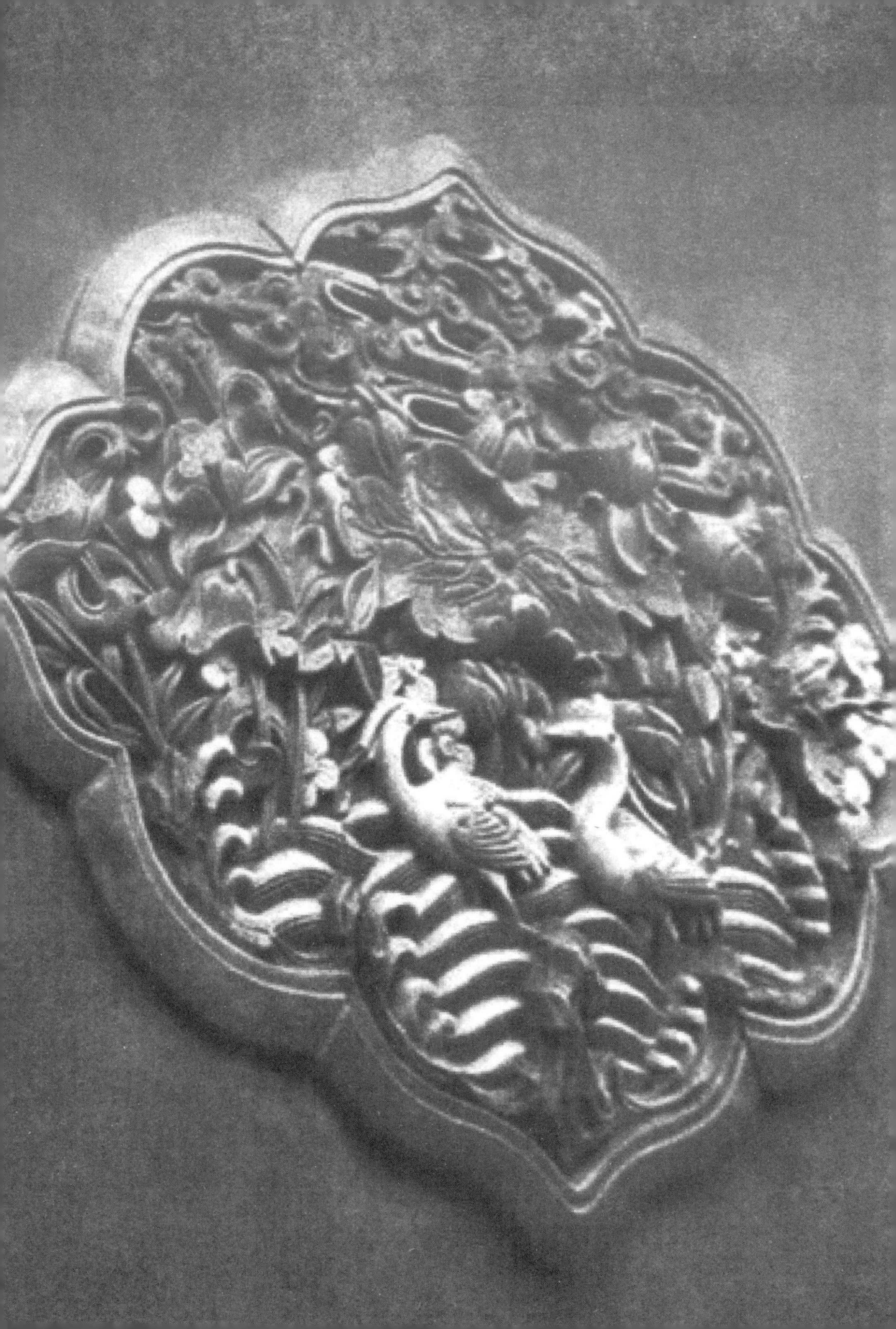

影壁多为砖料砌成

门处。也包括两种形式：一字影壁和雁翅影壁。这两种影壁可以独立存在，也可以依附于对面宅院的墙壁，主要用于遮挡对面房屋和不甚整齐的房角檐头，使经大门外出的人有整齐、美观、愉悦的感受。还有一种反八字影壁或叫做撇山影壁，它斜置在宅门前脸的山墙墀头的东西两侧，与大门檐口成120°或135°夹角，平面成八字形。因为这种影壁制作时要将门向里退进2—4米，所以在它的映衬下，宅门显得更加开阔。

四合院宅门的影壁，建筑材料主要有

门上的图案和吉祥的字样，给四合院内制造出 了一种书香翰墨的气氛

墙上的“福字”表达了人们对美好生活的期许

影壁在整个院落中起到画龙点睛的作用

砖、瓦、石材、木料、琉璃等种类，绝大部分为砖料砌成。影壁上每块砖都是磨制的，垒砌时要磨砖对缝。影壁分为上、中、下三部分，下为壁座，是影壁的基石，用砖或石筑成；中间为影壁心——壁身，壁身砌出框架，框芯表面用一尺见方的方砖或琉璃砖斜向 45° 铺砌，中心和四角有琉璃或砖雕成的吉祥词语，如“福”字、“寿”字，或花鸟动物，寓意吉祥；影壁上部为壁顶，如同一间房的屋顶和檐头。壁顶上装筒瓦，用砖或琉璃砌成檩、椽形状，有硬山式、悬山式、歇山式、庑殿式等。

影壁与大门有互相陪衬、互相烘托的

关系，二者密不可分。它虽然只是一座墙壁，但由于设计巧妙、施工精细，在四合院入口处起着烘云托月、画龙点睛的作用。

2. 上下马石和拴马桩

上马石和拴马桩是过去四合院宅门外必备的设施，但是它并不属于四合院的基本建筑。

上马石是位于宅门两侧的巨石，侧面成“∟”形，面积为70×60厘米，高50厘米，由于当时的主要交通工具是轿子、马车和马匹，这样做可以为上下马提供方便。门前虽然说是设置上下马石，其实通常将两块都称为上马石，因为下马石听着不雅。

如果有客人来，还需要一个拴马的地方，于是有了拴马桩，也有人称其为拴马环、拴马洞。拴马桩多设在四合院临街的倒座房的外墙上，距地面约四尺，桩子即为两房屋之间的柱子，砌墙时，先留出空柱，再砌上用石雕做成的石圈，石圈门内即为房柱，柱上有铁环，铁环直径为两寸，由小拇指粗的盘条做成。石圈高约6寸，洞宽4.5寸，进深约3寸。

上下马石和拴马桩也是等级划分的一个标志。

上马石

垂花门

（三）垂花门、屏门、看面墙和抄手游廊

垂花门就是沟通内外院的门，俗称二门，又称内门，坐落在院落的中轴线上，大多坐北朝南，因前檐下垂不落地的垂莲柱而得名。

在垂花门以外的倒座房或厅房及其所属院落算作外宅，它是接待外来宾客的地方；垂花门以内的正房、厢房、耳房以及后罩房等则属内宅，是供自家人生活起居的地方，内宅是不允许外人进入的。在封建社会，未出嫁的香闺小姐“大门不出，二门不迈”，所指“二门”就是这道垂花门。

作为内宅门的垂花门，也标志着房主人的社会地位和经济地位。官宦富贾都很重视对二门的修饰装点，所以，垂花门也是很讲究的。屋顶、屋身、台基、梁、枋、柱、檩、椽、望板、封掺板、雀替、华板、门簪、联楹、板门、屏门、抱鼓石、门枕石、磨砖对缝的砖墙等等一应俱全，各种装饰手段，如砖雕、木雕、石雕、油漆彩画都加以运用，相衬得体，十分华丽悦目。垂花门是几乎各个突出部位都有讲究的装饰性极强的建筑，如“麻叶梁头”“垂莲柱”，

如今，垂花门被广泛应用于住宅以外的建筑中

就连联络两垂柱的部件也有”玉棠富贵”“福禄寿喜”等寄予房屋主人美好愿望的雕饰。不过，宅门中传统的垂花门现在已不易看到。

垂花门的使用极为广泛，除用于住宅建筑中，还应用于园林、宫殿、寺庙等建筑当中。如颐和园中许多小院都是用垂花门为出入口的，北海琼岛上也有几座垂花门，北岸铁影壁后边有一座重檐的垂花门等。正是由于垂花门这么广泛地被应用，所以它的形式也是灵活多样的，有担梁式、一殿一卷式、单卷棚式、独立柱式、歇山式、廊罩式、十字形垂花门等等。最常见的是一殿一卷式垂花门和单卷棚式垂花门。

虽然垂花门有这么多的变式花样，但它不仅仅是为了美观而设的，它还起到一定的防卫功能和屏障作用。垂花门总共安有两道门，一道比较厚重，白天开晚上关，与街门相似，具有一定的防卫功能，这道门也称为“棋盘门”或“攒边门”；另外一道是“屏门”，这道门平时都是关着的，除非有婚丧嫁娶等

孩子们在门前迎接春节的到来

重大事件，人们才能走屏门两侧的侧门或垂花门两侧的抄手游廊到达内院和各个房间。垂花门的这种功能，充分起到了既沟通内外宅又严格地划分空间的特殊作用。

屏门不但是二门中的一道门，而且还是划分外院空间的门。四合院中除去二门可做屏门以外，屏门也常常用来分割宅门两侧和前院西侧的第一间或第二间倒座房的位置的空间。在大中型宅院中，以屏门划分空间的手法使用比较广泛。

垂花门的两侧连接着抄手游廊。抄手游廊一般都成曲尺形，连接北房、东西厢房和垂花门，使整个内宅形成一个整体。

人们通过抄手游廊可到达内院的各个房间

所以在正房、厢房之间，一般也都有游廊。这些游廊既起着通行和丰富内宅建筑层次及空间的作用，同时抄手游廊也是开敞式附属建筑，既可供人行走，躲避风雨日晒，又可供人小坐，观赏院内景致。

游廊的外一侧有一道称为看面墙的隔墙，看面墙与垂花门一样都具有分隔内外宅的作用，由于它位于极其讲究的垂花门两侧，所以它的装饰也是很讲究的。很多人家都会配以造型奇美的砖雕或什锦窗。

上面所介绍的垂花门、屏门、看面墙和抄手游廊不是四合院的主要建筑，但它们对于四合院的组成也是必不可少的，因为它们

游廊可供人避风雨，赏景致

大门一般是油黑大门，可加红油黑字的对联

在装点宅院、分割空间、衬托主要建筑、烘托环境气氛方面有着非常重要的作用。

四合院所采取的建筑形式比较简单，一般都是硬山式建筑，这种建筑形式的特点是屋面起脊分作前后两坡,施青灰色瓦。两侧的山墙砌到顶，将木构架全部封砌在墙内，从侧面看不到木构架。四合院中唯有垂花门采用较活泼的悬山形式，四面都不砌墙，屋面向两侧延展挑出，从各面都能看到木构架，使这座沟通内外宅的二门既典雅庄重又富有活力。

四　四合院的装饰文化

砖雕

（一）砖雕、木雕和石雕

木雕和石雕雕刻艺术在四合院建筑中被广泛采用，砖雕、石雕、木雕艺术在北京四合院的装饰艺术中都占据着相当重的分量。这些雕刻艺术在描绘生活、抒发情感、表现追求、寄托理想的同时，展现了古代建筑设计师和能工巧匠的精湛技艺，称得上是不朽的艺术佳作，也为中国的传统居住文化添上了绚丽的一笔。

1. 砖雕

北京四合院的砖雕使用范围广泛，门头、墙面、屋脊等醒目部位均有表现，题材内容极为丰富，构图古拙质朴，形成了北京四合院砖雕富贵、华丽、高雅的独特韵味。

北京四合院的砖雕首先应用在宅门上，住宅的大门是体现门面的建筑，所以门头自然成了重点装饰部位。砖雕门头部位有挂落板、冰盘檐、戗檐、栏板、望柱等，在广亮大门、金柱大门、蛮子门、如意门等多种形式的门上都刻有精美的砖雕。广亮大门的墀

房檐下精美的木雕

三眼井胡同的门雕

四合院门上的雕刻

北京四合院砖雕和木结构雀替

头上端往往刻突出醒目的砖雕，金柱大门的这个部位也是装饰的重点，但有时颇为讲究的人也在檐柱与廊柱的廊心墙部位做雕饰。蛮子门也着重在墀头的戗檐做雕刻。不过，像王府大门、广亮大门这样的王公贵族和官僚的宅门，由于受严格的制度限制，一般不加过于繁复的雕饰。反倒是如意门的雕饰更

门上的楹联表明此人家可能为书香门第

加丰富，这种门庭里的人有钱不为官，为炫耀财富，通常都很注意装点门面，所以如意门的砖雕可以称得上是四合院宅门装饰的代表。如意门砖雕除了墀头处外，还主要注重门楣，门楣雕刻一般是在门洞上方安挂落砖，在挂落上方出冰盘檐若干层，冰盘檐上方安装栏板望柱。这种形式不是一成不变的，比如有的门楣也在挂落板上面摆须弥座，还有的用一大块的富贵牡丹花板替代冰盘檐、栏板和望柱。讲究的如意门挂落、冰盘檐、栏板、望柱上均雕满了装饰，非常华丽。雕刻的题材也多种多样，有富贵牡丹、梅兰竹菊、福禄寿喜、玩器

百姓人家

四合院精致的门雕装饰

四合院街门比较简单 影壁砖雕

博古、文房四宝等等，随主人的志趣爱好而选择题材。最简朴的墙垣式也有在挂落、头层檐和砖椽头做砖雕的。

其次是影壁。作为宅门的重要陪衬，影壁是重点的雕刻部位，尤其是宅门内的影壁，主要装点部位是影壁心部分。硬心影壁一般都是正中雕有中心花，四角雕岔角花，题材多为四季花草、岁寒三友（松竹梅）、福禄寿喜等。软心影壁是在心的中心和四角镶嵌砖雕花饰，其他部分抹饰白灰面层。位于大门内侧的影壁，中心花部位还常雕出砖匾形状，其上刻“福禄”“吉祥”“平安”等吉词。影壁的其余部分也多有装饰，如在第一层砖檐等处做的雕饰。大门外侧的影壁，其雕刻部分略为简单。

墀头墙指的是山墙突出檐柱的部分。这部分的砖雕主要由戗檐、垫花和博缝头组成。其中，戗檐的雕刻题材最为广泛。垫花分为两种，一种是常刻有牡丹、太平花等花草图样的花篮状垫花，另一种是倒三角形垫花，戗檐的外侧突出的那部分称之为博缝头，常常刻万事如意、凤凰展翅以及富贵牡丹等吉祥图案。

讲究的四合院住宅，在正房或厢房的

四合院虽为居住建筑，却蕴含深刻的文化内涵

墙上雕刻

廊心墙上面也进行雕饰，廊心墙是指房屋外廊两侧的墙面和金柱大门外廊两侧的墙面，正因为这样的位置，所以很多人也注意廊心墙的装饰。经常是在廊心墙上方的墙身上做文章，内里刻花草或做砖额，四角刻岔角花，题材多为兰竹花草，题额内容诸如“蕴秀”“竹幽”“兰媚”“傲雪”等，

四合院砖雕

闲雅秀逸、耐人寻味。比较为人所关注的墙面，如垂花门两侧的墙面，以及其他显著位置的墙面，因其位置的重要，所以常加以装饰。垂花门两侧的墙面的装饰主要与其墙是否有什锦窗有关。垂花门墙面上有什锦窗的，则对什锦窗进行雕饰。什锦窗多用于垂花门两侧的看面墙上，形状采自各种造型优美的器皿、花卉、蔬果和几何图形，形式丰富多样，用“月洞”“扇面”“宝瓶”“蝠磬”“海棠”“桃”等各种图案做成，多见于园林建筑中，颇具艺术特色和趣味性。窗外侧的砖质贴脸（宽度一般在四寸左右）是什锦窗砖雕的主要部位，首先需要依照图形的不同，在贴脸内圈

砖雕

出需要的各种池子，然后在池子内做雕刻；或者是补贴来分成不同的部分，然后设计图案进行雕刻。相邻或相近的窗形应富于变化，不能重复。垂花门两侧的墙面上如果没有什锦窗，则需要加以装饰。主要的装饰手段为：素面墙心或在墙心内加砖雕装饰。

在檐头房脊等处，也不乏精美的雕饰，如在房顶正脊两端做“蝎子尾”装饰（向斜上方高高扬起的饰物），蝎子尾的下方还饰有“花草盘子”，其中平砌的称“平草”，陡跨在脊的称“跨草”，题材多为四季花、松竹梅、富贵花（牡丹），寓意美好吉祥。

随着时代的更迭，这种雕尾的形式发生了很大的变化：南北朝时期的“鸱尾”到隋唐时期演变成近兽形的鸱尾，再到后来像鱼形的鸱尾，到明清时鸱尾的尾部图形已向外卷曲。但不管怎么变化，都代表屋主人美好的愿望。“蝎子尾”最初作为驱邪之物而出现，关于“蝎子尾”的传说有三种：一是“鸱尾”，即鸱鸟之尾，有扶正辟邪之意；二是“鱼尾”，说是天上有鱼尾星，建在屋顶可以驱火防灾；三是“龙尾螭尾”，即螭龙之尾。这些尾只在黎民百姓中使用，帝王宫殿中使用的称之为“鸱吻”“龙吻”“螭头”。后来人们在使用过程中不再特别注重它的原意，而是作为一种装饰手法，并成为四合院传统建筑的

檐下的雕刻

一个显著风格与特点。

北京四合院千姿百态的砖雕，工艺极其精湛，图案优美多变，它们的使用使整个四合院更具浓郁的地方传统风格。这些砖雕又是怎样完成的呢？砖雕的做法主要有雕砖和雕泥两种。雕砖是在一烧好的砖料上，按设计好的图谱进行放样雕刻。泥雕是在泥坯脱水干燥到一定程度时进行雕刻，然后将雕好的成品放入窑内烧结。我们通常所说的砖雕是指在砖料上的雕刻，雕刻的工序大概是：放样、过画、耕、打窟窿、镰、齐口、捅道、磨、上药、打点。所以，砖雕的工艺是非常复杂的。创作砖雕作品需要有深厚的功底和长期全面的艺

古朴的小四合院

四合院门廊

术修养，绝非一时之功。

2. 木雕

木雕在四合院中的应用比较广泛，用于建筑的时间与石雕差不多，艺术价值很高，可惜的是保存下来的已经不多。

用于宅门的雕刻

门上的雕饰图案

四合院的门通常在上半部做成十字棂条或步步紧套方木格，可装玻璃也可糊纸；下半部在门边中装门芯板，门芯板可刻上曲线花纹。屋门、隔扇门多用玻璃或窗格形式，而临街的门和门楼都用板门。讲究的人家还在木门上雕出花卉、葫芦等图案来突出门的美观性，还有将“忠厚传家久，诗书继世长”的楹联直接刻于门上的。

门簪是门部木雕的部位之一，主要在正面雕象征四季富庶吉祥的四季花卉或福字、吉祥、平安等代表吉祥的词语，多用贴雕，蕃草多为用于广亮大门、金柱大门的木雕刻，还有檐房下面的雀替雕刻，采用剔地起突雕法。门联的木雕多采用隐雕，刻在街门的门芯板上，雕刻的多为书法家的手笔，艺术价值很高。

垂花门的雕刻——花罩、花板、垂柱头

花罩多雕岁寒三友、子孙万代、福寿绵长等常用吉祥图案；垂柱头中的圆柱头多雕莲瓣头和风柳摆，方柱头多做四季花卉为主

垂花门的垂花雕刻得相当精美

从门口可以看到庭院内的景色

的贴雕。

隔扇

大凡有身份人家的四合院，室内一般都不砌成固定隔断，间与间多采用木隔扇分成小单元。

四合院木雕

这种形式拆启自由，灵活方便，可以根据需要随时变更空间。而精巧轻便的木隔扇又可作为一种特殊的室内装饰品，给人带来一种舒适典雅的美感。因为隔

四合院木雕

扇有多姿多彩的窗格，还镶有玲珑剔透的木雕花卉，每扇芯板上或浮雕花纹，或附予彩绘，风韵独特的细木装修，使居室充满了温馨与浪漫的气氛。

除此之外，四合院中的走廊、影壁、挂落屏风及柱头枋下的雀头、花牙子，在制作上工艺也是十分精湛，无论是格局还是造型极具观赏性。这些用木材制成的物件以其特有的形状、体态、色彩和质感构成无数点、线、面的有机组合，形成了四合院建筑造型艺术的诸多内容。也给人们营造出一个舒适、和谐、多趣的生活空间。

常用的木雕工艺有平雕、落地雕、圆雕、透雕、贴雕和嵌雕等。

北京四合院之所以有这么多的木雕作品，与木材在其建筑结构中发挥的重大作用是分不开的。老北京传统四合院最大的特点是以木材作为房舍支撑物和骨架结构，这就大大减轻了四周墙体的负重量。而有些房屋不用砖石砌成隔断，采用了木制板壁和隔扇将间与间隔离，这种隔扇并不负重，只是为了使用上灵活方便。屋顶骨架主要是木质结构，分成柁、檩、椽、枋等几部分。为了使屋架牢固，匠师们采用了特殊方式将其各部位紧密连在一起，斗、拱、枋等就是最常见的物件。作为房屋顶部主要支撑物的柱子要立于地基之上，所用木材须粗实且抗腐力强。北京四合院建筑木结构的制作和使用，实用科学，具有艺术性。

3. 石雕

石雕在中国传统建筑中应用很广，其历史比砖雕要悠久得多。石雕主要用于宫殿、坛庙、寺院、陵寝及纪念性建筑，用于普通民居的并不多，甚至远不如砖雕用得广泛。这主要是因为民居中采用石料的部位较少，

四合院木雕

且做法都比较朴素。尽管石雕在四合院中应用不多，但其艺术价值却是不容忽视的。

抱鼓石

抱鼓石是用于宅门门两侧的重要石构件，分为圆鼓子和方鼓子两种。圆鼓子多用于大中型宅院的宅门，一般分为上下两部分，上部是由大圆鼓和两个小圆鼓组成圆形鼓子部分，大鼓呈鼓形，两边有鼓钉，鼓面有金边，中心为花饰。小鼓是大鼓下面的荷叶向两侧翻卷而形成的腰鼓部分。圆鼓子石的下部是由上枋、上枭、束腰、下枭、下枋、圭脚组成的须弥座，须弥座的三个立面有垂下的需要做锦纹雕刻的包袱角。圆鼓子上面的狮子，有趴狮、卧狮

庭院是人们穿行、采光、通风、纳凉、休息、家务 劳动的场所

和蹲狮等不同做法。趴狮的前面只有狮子头略略扬起，狮身含在圆鼓中，基本不占立面高度；卧狮是将俯卧的狮子形象刻在鼓子上；蹲狮（又称站狮）前腿站立，后腿伏卧，头部扬起。圆鼓子的正面，一般雕刻如意草、宝相花、荷花、五世同居等图案。圆鼓子两侧鼓心图案以转角莲最为常见，麒麟卧松、犀牛望月、松鹤延年、太师少师、牡丹花、荷花、宝相花、狮子滚绣球等，也是比较常用的图案。方鼓子比圆鼓子略小，多用于小型如意门、随墙门等体量较小的宅门，由方鼓和须弥座两部分组成。方鼓上刻有卧狮，多用阴纹或阳纹线刻金边，以回纹、丁字锦纹图案为主。方鼓子侧面及正面的雕刻内容

抱鼓石

整洁的庭院

可有回纹、汉纹、四季花草，也可安排松鹤延年、鹤鹿同春、松竹梅等吉祥图案，并且其雕刻内容由于不受圆的形状限制，画面安排起来灵活多了。

滚墩石

用于独立柱垂花门或者木影壁的根部，起稳定垂花门或影壁的作用，同时又富于装饰效果。它的雕刻内容、纹饰与抱鼓石大致相同。立面由大圆鼓子、小圆鼓子、须弥座或直方座构成，大圆鼓子顶面刻有趴狮，圆鼓子心常采用的图案有转角莲、太师少师、犀牛望月等，正面则多刻有如意草、宝相花等。

滚墩石

泰山石

北京四合院或大的宅第四角处多立有高三四尺的青石，上面写着“泰山石敢当”五个大字。北京住宅主人常把这种青石放在比较重要的位置或要道上，希望能够镇邪伏煞，所以也有人叫它镇宅石。有诗赞“泰山石敢当”的护宅之神力：“甲胄当年一武臣，镇安天下护居民。捍冲道路三岔口，埋没泥涂百战身。铜柱承陪间紫塞，玉关守御老红尘。英雄伫立休相问，尽见豪杰往来人。”也有人认为，北京宅地之所以立“泰山石敢当”是为了保护房屋的四角易触处，免得墙角处被来往车辆刮撞。目前存有“泰山石敢当”的地方有很多，比如东城区翠花胡同一院外就曾有“泰山石敢当”。这些镇宅石的雕刻图案也多比较精细，有四周绘刻云头图案的、虎头形状的，非常引人注目。

挑檐石、角柱石

挑檐石一般是比较讲究的四合院用在墀头上的，它一般不做雕刻，位于它下面的角柱石，一般也不做雕刻。

可以设有石雕的部位还有陈设墩和绣墩。

四合院的石雕刻从雕刻技法上主要有平雕、浮雕和圆雕三种。

（二）油饰和彩绘

木质结构是四合院建筑的一个主要部

四合院的石雕刻

北京四合院油饰

分，但是木质结构很容易被腐蚀，所以古代人常使用油饰色彩来达到防腐的目的。色彩油饰最初使用时，并没有进行明显的区分，它们那时都是为了保护木构件，也起到一定的色彩装饰作用。随着人类建筑活动的发展，油漆和彩画才逐渐分离开。后来才逐渐有“油作”与“画作”之分，“油饰”是指凡用于保护构件的油灰地仗、油皮及相关的涂料刷饰；“彩画”是用于装饰建筑的各种绘画、图案、线条、色彩。

油饰彩绘的使用也是有严格的等级区别的，比如在明代象征皇权的龙凤等纹饰，只

庭院中央的鸟笼

许皇家使用。明代的油饰和彩绘被划分为五个层次，每个阶层都有各自的装饰内容和色彩，可见明代对各阶层人士的房屋装饰规定是非常严格的。清代也具有极为严格的区别。不过随着朝代的更替、时间的变更，这种等级规定逐渐放宽。

油饰彩绘发展到后来既用来防腐，又起到重要的装饰作用。四合院的油饰主要用来保护外露的柱子、檐枋等木构件。正房、厢房等正式房的柱子多刷红色；门窗多刷绿色；游廊、垂花门的柱子多刷绿色；游廊的楣子边框则多刷红色，红绿相间，相映成趣。房间和游廊的檐下，画有彩绘图案。

四合院的彩绘采用苏式彩画，形式活泼，内容丰富，主题部位在正中心，呈半圆形，称为包袱，包袱心内画人物山水、花草鱼虫、翎毛花卉、历史故事等题材。多数四合院的彩绘采取只在枋、檀端头画图案的简单形式，称为“掐箍头”。

1. 四合院建筑中的油饰

中国传统建筑的油饰分为两个层次：油灰地仗和油皮。

油灰地仗是油饰的底层，是由砖面灰（对砖料进行加工产生的砖灰，分粗、中、细几种）、血料（经过加工的铝血）以及麻、布等材料包裹在木构件表层形成的。地仗开始

华灯初上

四合院游廊

使用时，一般只对木构件表面的明显缺陷用油灰做必要的填刮平整，然后钻生油（即操生桐油，使之渗入到地仗之内，以增强地仗的强度、韧性及防腐蚀性能），做法比较简单，也比较薄。后来地仗越做越厚，这主要是因为历史比较久远的建筑经过反复的维修，表面很不平整，只能通过加厚地仗来使它恢复原貌；再有就是因为人们后来发现用很薄的地仗是不能长期抗御自然界各种侵蚀的，需要增加地仗厚度、加强地仗的拉力。

油皮是油饰的表面色彩，涂刷在木制构件的表面，其色彩起到烘托表现四合院整体环境的作用，所以历来备受重视。传统的油饰色彩，一般都是由高级匠人将颜料入光油或将颜料入胶经深细加工而得。我国古代使用的油饰色彩已经非常丰富，如朱红油饰、紫朱油饰、柿黄油饰、金黄油饰、米色油饰、广花油饰、定粉油饰、烟子油饰、大绿三绿及瓜皮油饰、香色油饰等等，涂料有广花结砖色、靛球定粉砖色、天大青及样青刷胶、红土刷胶、桶木色等。因此，用于建筑的油饰色彩也十分丰富。这样看来，近年来出现的四合院油漆仅有红绿两色的现象显然是不符合历史传统的。

不同的油饰色彩的使用能够体现建筑主人的等级，当然也具有一定的装饰效果。以明亮鲜艳的紫朱油或朱红油进行装饰（多见于大门）多用于体现王侯“凡房庆庑楼屋均丹楹朱户”的非凡气派和宅主人显要尊贵的社会地位，这当然是王公贵族居住的建筑用色；一般的民居四合院也运用高彩度的朱红颜色，但这种运用是有节制的，一般只用于建筑榴头的连椀瓦口、花门垫板及用来强调某些特殊部位、强调明暗对比的地方，较灰暗的红土烟子油或黑红相间、单一黑色的油饰才是一般官员、平民住宅用色。

四合院的屋檐

从屋顶到门柱都会被精心油饰

从上面的颜色等级变化（紫朱油到红土烟子油），我们不难看出，古人是非常善于使用色彩的。不同等级的建筑虽然使用不同的色彩，但他们基本都在红色系内变化，这说明古人对色彩是十分了解的，充分利用了二色之间彩度、明暗度或是色相色温变化导致的差别。这样的变化不仅避开了一般民宅用红与王府用红之间等级差别的忌讳，而且在色相运用上又保持了相互间的和谐与统一。

紫朱油或红土烟子油的广泛采用，还因为这两种颜色本身的特点。它们属于带

四合院建筑上的油饰

紫色调的暖红色，给人一种亲切热烈的色彩感，可以给建筑物带来盎然生机。四合院油饰色彩的另一个常见而且具有浓郁地方特点的用法是“黑红净”，它是用黑色油（烟子油）与红色油（紫朱油或红土烟子油）相间装饰建筑构件，如：椽望用红色油，下架柱框装修用黑色油；大门的槛框用黑色油，余塞板用红色油；门扉的攒边用黑色油，门联地子用红色油。这种黑红净装饰的做法可产生稳重、典雅、朴素而富于生气的效果。

2．四合院建筑的彩画

彩绘艺术历史悠久、绚丽多姿、含义精

深。从远古的敦煌壁画到明清的皇宫寺院，乃至遍布京城的民居宅舍，油漆彩绘应用之处十分广泛，尤其是老北京的四合院以油漆彩绘为装饰者更是常见。

彩画在四合院建筑中的应用大体有以下六种情况，这六种情况也可以代表六种不同等级，分别为：大木满做彩画，大木做“掐箍头搭包袱”的局部苏式彩画，大木做“掐箍头”的局部苏式彩画，只在椽柁头部位做彩画、其余全部做油饰，只在椽柁头迎面刷颜色,所有构件全部做油饰。以上六种做法，在不同等级的四合院中均有体现。古时候人们非常重视宅门、二门（垂花门）的彩画装饰，所以这些部位的彩

老四合院

画要比宅院内其他建筑的彩画高一个等级，比如内宅正房、厢房做“掐箍头搭包袱”彩画，那么该院的大门、垂花门则要满做苏画。

彩画作为四合院建筑重要的装饰手段，主要是运用鲜艳的色彩在建筑构件上绘画以达到装饰目的。四合院的彩画种类主要有以下几种：

旋子彩画

旋子彩画是三类彩绘中最为讲究、级别最高的一种，广泛用于王府建筑的彩画。这些贵府大院的装饰图案都有严格规范，其构图分为三部分，中间一段为枋心，左右两段为对称形，称做藻头和箍头。旋子彩画的主题纹饰，主要表现在檩枋彩画的枋心内，枋

垂花门彩画

旋子彩画

心内可画龙画锦并施以重彩,还可以点金,有“龙锦枋心”“花锦枋心”“一字枋心”等类型。箍头部分用金线墨线勾画图案,以青绿色退晕,因彩画外边缘有漩涡状花纹,故被称做“旋子彩画”。旋子彩画从纹饰特征、设色、工艺制作方面分,大致有八种做法:混金旋子彩画、金琢墨石辗玉、烟琢墨石辗玉、金线大点金、墨线大点金、小点金、雅五墨和雄黄玉。王府建筑对旋子彩画的运用,最多的是金线大点金和墨线大点金,其中个别重要的建筑如大门等,亦有用金琢墨石辗玉做法的,值房类等附属建筑一般用小点金或雅五墨彩画。旋子彩画的设色用金面积的大小都具有反映等级的固定的规制。旋子彩画用色以青绿二色为主，按图案设色划分部位是其主要特征，色彩分布按“青绿相间”的原则，使构成图案的色彩协调均匀。

和玺彩画

和玺彩画与旋子彩画的最大不同是所画内容不一样，他们的绘制格局是大体相同的。和玺彩画的构图为一整二破格局，画法简要明快。此种彩画在行宫、寺庙及官宦之家较为多见。根据枋心的不同，和玺彩画可以分为不同的种类，如和玺彩画的“金枋心”是以龙为主题的枋心；“龙凤枋心”是画有龙凤的；“花枋心”是以花卉、草虫或其他花纹为主题的。此类彩画多用齿形线条勾成格子、箭头、古币等形状，并绘有单色升降式行龙图案或其他花纹做藻头，用灵芝、莲花、坐龙画箍头，以金线或墨线或贴金粉勾边线，画法精细，样式很多。

苏式彩画

苏式彩画是民间最常见的一种彩绘装饰，分包袱式、枋心式和海墁式三种主要表现形式。常用于老北京的园林、公园、四合院民宅、各种游廊。苏式彩画的施色，与旋

和玺彩画

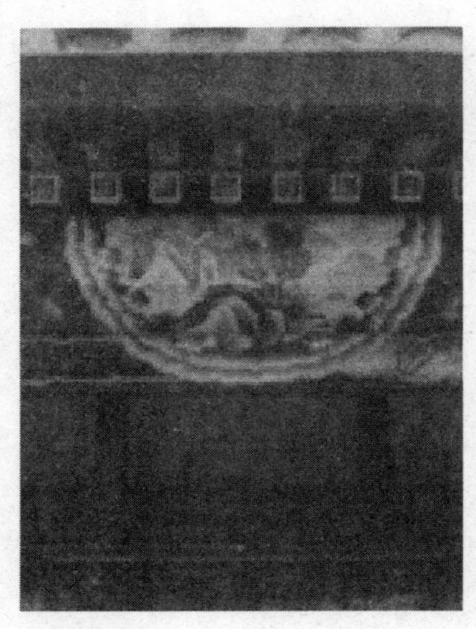

苏式彩画

子彩画基本一样，也是以青绿二色为主，但是某些基底色较多地运用了石三青、紫色、香色等各种间色，给人以富于变化和亲切的感受。其枋心面积较为宽阔，既可呈方形又可为圆形，格式多变，内容可以是花卉山水、人物风景、鸟兽鱼虫等等。因为这些画中景物与百姓生活十分贴近，又富于变化，所以欣赏此类彩画能焕发人们美好的意境，为人们所喜爱。另外，为了使画面更逼真和金碧辉煌，枋心中的各种物象均采用金线或墨线勾画。藻头部分绘有花卉集锦，两侧是水藻、古币、祥云。箍头的画面很简洁，只有一些纹理或空白，把枋心烘托得主次分明，这些绘画在包袱、池子、聚锦内都得到了充分表现。但从北京城区现存清晚期民居彩画遗迹看，建筑只要有装饰彩画的，绝大多数都要贴金，极少见有墨线苏画。苏式彩画兼具南北画派的长处：火辣与奔放的北国情调和清秀与雅气的江南意蕴，完美融合，韵味悠长。

其常见的彩画还有椽柁头彩画、天花彩画和倒挂楣子彩画。

四合院的许多彩画纹饰都有一定的象征意义和吉祥寓意。如只有帝王之家才可

苏式彩画

运用，庶民绝对禁用的龙纹是专用来象征皇权的。再如飞椽头用的“万”字，椽头用的“寿”字，加在一起称为“万寿”，寓意长寿；如果用的是“福寿”，则寓意为“万福万寿”。彩画纹饰含有吉祥寓意的例子不胜枚举，再如寓意富贵到白头的牡丹和白头翁鸟；寓意主人有文化、有才学、博古通今、不同于凡俗之辈的博古；寓意“君子之交”的灵芝、兰花和寿石等等。各个宅主人就是通过这些图案绘画鲜明的主题、巧妙的构图，通过寓情于景、情景交融的手法表达着对幸福、长寿、喜庆、吉祥、健康向上的美好生

彩绘、盆景与房屋建筑融为一体

活的向往和追求。

北京四合院的雕饰和彩绘反映了老北京人的风俗文化，反映了古代文明达到的高度，突出表现了古代工匠的聪明才智，具有非常宝贵的艺术价值和文物价值。

（三）匾额、对联、门神

在四合院的大门洞和正房檐下曾有过挂匾额的习惯。这些匾额一是起到一定的装饰作用，二是彰显主人的身份品味。匾额是有很多讲究的，楷、草、隶、篆、行因境而用，大小形状各异，因其用处不同而不同。雕刻手法有阴刻、阳刻、透雕，可以饰金边、花边或不加边，可以写成金地黑字或黑地金字。

作为老北京最具有代表性特征的四合院，大门上是不能没有楹联（门联）的。楹联有直接雕刻在两扇街门上的，也有书写在纸张上贴在两扇大门上的。楹联的内容一般是反映宅院主人的追求或信仰。旧时雕刻在街门上的楹联的书法是很讲究的，有不少楹联是名人书法，雕刻工艺精湛，堪称雕刻艺术品。老北京的门联里，写得最多的是讲究读书的“忠厚传家久，诗书继世长”。关于门联的内容，一般住户着意家庭的更多，或祝福家业发达，如“世远家声旧，春深奇气新”；或祝福合家吉祥，如“居安享太平，家吉征祥瑞”，也有表达具体愿望的，如希望有仕途功名的“孝悌家声传两晋，文章德业着三槐”“笔花飞舞将军第，槐树森荣宰相家”；希望多福多寿多子多孙的“大富贵

四合院门上楹联

门神

亦寿考，长安乐宜子孙”。但更多的还是讲究传统的道德情操，如讲善的“惟善为宝，则笃其人”；讲孝的“恩泽北阙，庆洽南陔”；讲义的“中乃且和征骏业，义以为利展鸿猷”；讲德的“韦修厥德，长发其祥”等。

同在院门上，除对联外，老北京人还习惯在过年的时候贴门神。这里贴的最多的是秦琼和尉迟恭，因为他们曾分别救过唐主李渊和李世民，而且都是两人还没有坐上龙椅的时候，于是人们希望能够借他们的神力来保护自己。也有的时候贴神荼和郁垒，传说他们是守鬼门的。曾经充当过门神角色的还有很多，像钟馗、关羽等。值得一提的另外一位门神是魏征，他被称为“后门将军”，原因是这样的：魏征和李世民下棋，盹梦中斩杀了泾河龙王，老龙王嚎泣纠缠，鬼祟门抛砖，搅得太宗夜里睡不好觉，大病了一场。前门有秦琼和尉迟恭把守，后门堪忧，于是有人推荐魏征去看守后门，李世民采纳了这个建议，所以就有了魏征手持宝剑守卫后门的门神画像。

五 四合院的现状

北京白塔寺的白塔和周围的四合院建筑

五 四合院的现状

（一）四合院的现状及其产生的原因

北京四合院有着悠久的历史，雏形产生于商周时期，元代在北京大规模修建，明清发展到顶峰。不过解放后，四合院的管理和修缮工作明显滞后，这时的四合院开始走向败落。

20 世纪 90 年代以后，为了加快改变城市面貌，北京中心城区进行了大规模的旧城改造工作，拆除了很多老房子，其中大部分是四合院，随着古旧城区改造和安居工程的开展，四合院不知不觉中渐渐消失。而现存的很多四合院年久失修、房屋高低混杂，已经变成了大杂院，尤其是很多人在院落中盖起了各式各样的小房，占据了四合院的“院落”空间，完全破坏了四合院本应该具有的结构和布局，这也直接影响了它的景观价值和历史价值。

近些年，北京市政府为保护京城历史文化遗存，也制定了一些政策保护四合院。如2004年，北京市颁布了《关于鼓励单位和个人购买北京旧城历史文化保护区四合院等房屋的试行规定》，允许符合相关规定的境内外企业、组织和个人购买四合院。规定中指出，购房者购买了四合院后，可依法出售、

许多四合院至今保护完好

四合院的现状

恭王府花园是北京城内保存比较完好的豪华四合院之一

出租、抵押、赠予和继承。这样使得四合院进入到房产交易的链条，为四合院的保留作出了一定的贡献。

（二）现存比较完好的四合院

1. 北京城内保存比较完好的四合院

目前北京城内保护比较好的四合院大多都是名人故居或者是王府。像已被列为国家级保护文物的东四六条63号和65号文渊阁大学士崇礼的住宅、后海北沿46号的宋庆龄居所（原为溥仪之父载沣的王府花园）、前海西沿18号的郭沫若居所（原恭亲王府马号，后为同仁堂乐家花园）、前海西街恭王府及花园，还有很多市级区级的，像护国寺大街9号的梅兰芳居所、阜成门内宫门口西一条的鲁迅故居等等。

这些四合院能够很好地保存下来，就是因为它们曾是某些要员名人的住宅，有纪念意义和价值。比如说，梅兰芳先生的故居西城护国寺大街9号，也就是现在的梅兰芳纪念馆，这座四合院坐北朝南，已被列入保护文物。再如鲁迅故居，他在北京居住期间选择的住所都是四合院，并在四合院里写出了大量脍炙人口的名篇，目前他曾经的一处居所已经被列入保护文物了。

2. 四合院的标本——川底下

川（原字为“爨”）底下，又名古迹山庄，位于京西门头沟区斋堂镇西北部的深山峡谷中，距京城90公里，始建于明朝永乐年间，是昔日黄草梁古道上商旅休息和货物的转运站。

川底下村依山而建，四面群山环抱。整个村庄保留着比较完整的古代建筑群，村落整体布局严谨和谐，变化有序。一条街将村庄分上下两个部分，使整个村庄看起来高低错落，线条清晰。1994年该村被列为北京市重点文物保护单位，2003年被评为全国首批

川底下村四合院

四合院的现状

历史文化名村。

川底下的民居坐落在山谷北侧的缓坡上，坐北朝南，布局合理，占地约一万平方米。现存七十六套四合院民居，六百多个房间。民居以龙头山为轴心，呈扇形向下延展。川底下村虽然经历了几百年的变迁，但仍然保存比较完好。精工细作的石墙山路、门楼院落、影壁花墙，蕴含着古老民族文化的砖雕、石雕、木雕；凝重厚实、恬淡平和的灰瓦飞檐、石垒的院墙，让人感受到古老浓郁的文化气息。

川底下古民居以清代四合院为主体，基本由正房、倒座房和左右厢房合围而成，

川底下村坐北面南，依山而建，保存完整

川底下古山村

部分设有耳房和罩房，这些民居多为砖瓦结构，街门均设在东南角。门楼等级严格，门墩雕刻精美，砖雕影壁独具匠心，壁画楹联比比皆是。建筑院落也多使用砖雕、石雕和木雕，虽然地处乡村，但是也和北京的宅门一样的讲究，大门、垂花门等都经过精细的雕琢。屋脊、檐口、墙腿口、门墩石、门窗、门簪、门罩、墙壁及影壁也是重点的装饰部位，从中也能看出封建等级和经济条件的限制造成的装饰区别。

这里的四合院因为地势的问题不够规则，不是完全的坐北朝南，但其布局里的等级观念和主次、高低仍然存在，也依然按着轴线关系而建。这里的四合院与北京城内的四合院不同

保存完好的四合院建筑

的地方，还表现在这里的大四合院是由几个各有院门的相对独立的四合院组成的，再对这样的几个四合院围上院墙以确保它的封闭性。

根据当地的实用性要求，四合院的形式还有双店式和店铺式。双店式四合院是集居住、商业、货物仓储及马棚于一体的组合院落。店铺式四合院一般由居住、商业、仓储及自家使用的小马棚组成，不接待食

广亮院

四合院民居

宿。

广亮院是川底下地势最高、等级最高的的宅院，它位居中轴线上，村民们称其为“楼儿上”。广亮院建于清代早期，此院北高南低，相差约5米，南北二进，东西中分三路，即三个相对独立的院，构成一个大四合院，共有房45间。院外有围墙，门楼为中型如意门，硬山清水脊，台阶七级。门前还设有精美的、刻有透雕牡丹花的木雕门罩，戗檐有砖雕花

北方的传统民居多以院落（或天井）为核心

北京四合院

卉，西侧墙腿石雕有“喜鹊登梅”，东侧墙腿石雕图案已模糊不清。

东路：包括一个四合院（前院）和一个三合院（后院）。大门开在东南角，门罩上刻有透雕牡丹花，戗檐花篮砖雕，下刻“民国元宝”方孔钱，东侧墙角石已损坏，西侧有“喜鹊登梅”平雕。七级踏步，

门墩石雕琢精细，顶部为卧狮石雕，正面中部刻乐器，下刻“迎祥”，内侧中部雕牡丹、莲花，下刻瑞兽，包括平雕和凸雕两种形式。门洞内有壁画、题诗。正对大门，东房南山墙有雕花照壁。

前院南北狭长，方砖铺地。地下嵌石窝，院西侧有地窖。窖底光洁平坦，用大块紫石

北京四合院是中国汉族传统民居的优秀代表

铺成。南北壁各有两个壁洞，通气孔在东侧。后院地势比前院高出约 5 米，东南角处开随墙门。正房三间，硬山清水脊，板瓦石望板，五架梁，东山墙正中有山柱，后檐柱接地处是 1 米高的方形石柱，木柱在其上。东西厢房地处陡坡，地基建在山岩上，北侧高于南侧 4 米，南侧悬空，用山石发券，券顶上填土夯实建房，券洞口置门窗，东厢房下做杂品间，西厢房下做花房。西次间窗下砌棋盘炕，炕沿下分别有地炉子、炕洞，炕洞内设闸板调节炕的温度，最西边是储煤洞，炕东沿下有放鞋洞。

中路：正房南房三间，东厢房南侧设

门与东路相通，西厢房为过厅，通西路。

西路：正房位居中路，是川底下地势最高、面积最大、居中轴线最北端的建筑，是整个扇面状民居的交会点，站在此房可俯视全村绝大部分院落。室内三明两暗，青砖铺地，梢间有雕花壁纱罩。正房西有地窖，其上建耳房，通后院，后院地势陡峭，仅有两间东向工具房，在整个大院的西北角，以此环围墙，将三个相对独立的院围成一个大院子。明间门口用条石砌成平台，平台东西两侧各有五级踏步便于出入。平台下有高、宽各 60 厘米的洞，做狗窝用。院内方砖铺地，无东西厢房。此院建于清代早期，东路前院正房、中路院正房及西过厅仅存墙体或地基，

四合院的现状

其他建筑主体完好，部分房有人居住。

由于川底下村是古代重要商路上的村落，平时在这里停留、歇息的商客比较多，于是在民居入口空间处常设有上下马石和拴马桩，以方便商客，现村中仍保留有6个拴马桩。

川底下村的四合院是目前保护最好的乡村四合院，具有“活化石”般的价值，是中华民居博物馆，被誉为“中华民居的周口店”“京西的不达拉宫”。

（三）四合院的保护

四合院作为老北京具有代表性的建筑

现代建筑旁的四合院

形式，承载了很多的文化和历史意蕴，具有极高的保留价值。北京四合院历经了近千年的风雨沧桑，是北京文化的象征，更是人类文明的象征：象征北京城、北京历史、老北京人生活、老北京人的根、老北京人的魂，它不但是老北京人的文化遗产，更是中华民族的、世界的遗产。没有了四合院，京味文化将逐渐消失或仅仅保留在教科书、博物馆里。

现代城市里的老四合院

目前，对北京四合院的保护已成为社会关注的“焦点”。北京市政府先后公布了三十片四合院集中区域为历史文化保护街区；制定公布了街区的保护范围和保护规定；对部分现状较好的院落采取了挂牌保护的措施，以及将整个皇城公布为保护街区等等。这些都使得四合院的保护工作得以很好地开展，但是在当前的四合院保护工作中仍需要解决以下几个问题：

房屋建筑格局错落有致，美观大方

四合院的现状

首先，四合院的保护工作涉及很多的部门，充分调动他们的积极性是要解决的第一个问题；其次，要积极宣传保护四合院的重要意义，使得四合院的居民住户能够正确地认识到四合院留存的长远意义，减少对四合院的破坏；第三，在保护四合院的同时，还

北京白塔寺旁的四合院

要关注四合院居民的住房质量，注重改善他们的生活设施，同时还要注意四合院的保护和利用之间关系的平衡，不能一味地要求复古复原，不顾居民生活，也不能完全按照居民的生活要求，过多地破坏四合院的面貌；最后，还要尽力提倡大力推行四合院的住房私有化，这对于四合院的保护是极为有利的。对四合院进行保护的过程中，我们还要注意坚持两个原则：既要全面改善百姓的生活，又要使四合院能够长久的保存。整体上看，四合院的保护工作还不够完善，特别是关于四合院内现代设施的改造工作。